特色农产品质量安全管控"一品一策"丛书

草莓全产业链质量安全风险管控手册

吴声敢　赵学平　主编

中国农业出版社

图书在版编目（CIP）数据

草莓全产业链质量安全风险管控手册 ／ 吴声敢，赵
学平主编 . —北京：中国农业出版社，2017.10（2021.4重印）
　ISBN 978-7-109-23176-4

　Ⅰ．①草… 　Ⅱ．①吴…②赵… 　Ⅲ．①草莓-温室
栽培-产业链-安全管理-浙江-手册 　Ⅳ．①S628.5-62
②F326.13-62

中国版本图书馆CIP数据核字（2017）第174352号

中国农业出版社出版

（北京市朝阳区麦子店街18号楼）

（邮政编码　100125）

责任编辑　张洪光　阎莎莎

———————————

中农印务有限公司印刷　新华书店北京发行所发行

2017年10月第1版　　2021年4月北京第2次印刷

———————————

开本：787mm×1092mm　1/24　印张：$3\frac{1}{3}$

字数：40千字

定价：18.00元

（凡本版图书出现印刷、装订错误，请向出版社发行部调换）

《特色农产品质量安全管控"一品一策"丛书》

总 主 编：虞轶俊 王 强

《草莓全产业链质量安全风险管控手册》

编 写 人 员

主　　编	吴声敢　赵学平
编写人员	（按姓氏笔画排序）

王　健	叶斌斌	孙淑媛	杨桂玲
李　龙	吴声敢	吴国强	何　丹
陈　凯	金罗漪	金佳鸣	赵学平
程思明	虞　冰		

专家团队	蒋桂华　余　红　杨新琴　胡美华
	童英富
插　　图	何　凯

前　言

　　草莓果实柔软多汁、色泽艳丽、甜酸适度、芳香浓郁、味道鲜美、营养丰富，深受广大消费者喜爱。草莓是早春季节的时令水果，上市时间正值水果淡季，且恰逢元旦、春节等传统节日，因此，种植草莓具有较高的经济效益。

　　近年来，在浙江省农业厅、浙江省财政厅支持下，浙江省开展实施草莓全产业链质量安全风险管控"一品一策"行动，立足草莓生产全过程，通过大量的排查、检测、评估，科学分析质量安全的风险隐患，针对性开展关键技术研究，集成了整套草莓质量安全管控技术，并提出草莓质量安全管控策略。建立"一个专家团队、一个团体标准、一套管控策略、一本操作手册、一方示范基地、一个安全品牌"的"六个一"草莓"一品一策"机制，有效保障了草莓食用安全，促进了草莓产业健康发展。

　　根据草莓"一品一策"的研究成果、标准化生产实践经验，我们编写了《草莓全产业链质量安全风险管控手册》一书，对从产地环境到产品标识上市全过程的生产要点及风险管控要求作了全面介绍。本书采用以卡通漫画为主文字说明为辅的形式，力求内容科学实用，技术先进，图文并茂，易读易懂，使草莓种植者能更好地理解和应用草莓质量安全生产管控技术，为广大草莓种植者、科技研究与推广部门、农产品质量安全监管部门提供参考使用。

本书在编写过程中，吸收了同行专家的研究成果，参考了国内外有关文献和书籍，并得到了公益性行业（农业）科研专项经费项目支持，在此一并致以衷心的感谢！由于编者水平有限，疏漏与不足之处在所难免，敬请广大读者批评指正。

编 者

2017年3月

目　录

一、草莓概说

　　草莓，属于蔷薇科（Rosaceae）草莓属（*Fragaria*），是多年生常绿草本植物，园艺学分类上属于浆果类水果。我国是世界草莓生产大国。《中国农业年鉴（2015）》统计结果显示，全国草莓种植面积为11.3万公顷，总产量为311.3万吨。

草莓营养价值

　　草莓果实色泽鲜艳，芳香多汁，酸甜适口，营养丰富，素有"水果皇后"的美称。草莓果实中除含有糖、酸、蛋白质、粗纤维等营养物质外，还富含磷、锌、铁、钙等矿质元素和维生素C（抗坏血酸）、B族维生素等。据测定，100克草莓鲜果中，含糖6.0～12.0克、有机酸0.6～1.6克、蛋白质0.6～1.0克、脂肪0.2～0.6克、果胶1.0～1.7克、磷41.0毫克、铁1.1毫克、钙32.0毫克、粗纤维1.4克、维生素C 40.0～120.0毫克、维生素B_1（硫胺素）0.02毫克、维生素B_2（核黄素）0.02毫克，其中维生素C含量比柑橘高3倍，比苹果、葡萄高10倍以上。

二、草莓生产流程

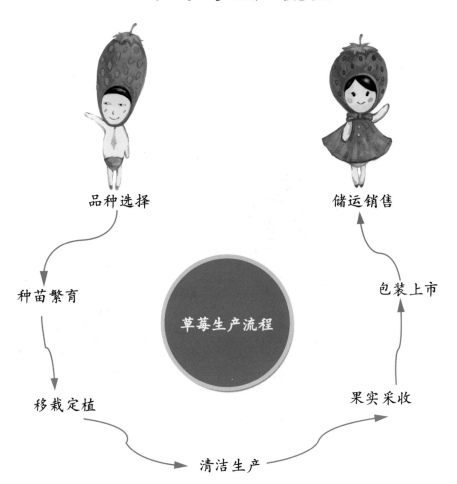

品种选择

储运销售

种苗繁育

草莓生产流程

包装上市

移栽定植

果实采收

清洁生产

三、草莓质量安全潜在风险隐患

农药残留

草莓生产中潜在农药残留危害原因如下：一是农药使用不科学、不规范。二是部分农药存在添加隐性成分现象。

重金属污染

　　镉等重金属可能通过土壤、肥料等途径污染草莓。但草莓生长周期短，镉等重金属对草莓的污染可能性小。

病原微生物

　　草莓采收、储运、销售过程中存在病原微生物侵染的可能，建议清洁采摘，健康食用。

四、草莓生产关键点及质量安全管控措施

1. 基地选择

选择光照充足、地面平坦、地势高燥、排灌方便、交通便利及土壤肥沃、疏松、保水保肥性能良好并远离污染源的地块种植草莓。

土壤、水质检测合格

草莓种植前，需对基地灌溉水、土壤进行全面检测，保证产地环境符合国家标准或行业标准要求。由于草莓适宜在酸碱度为中性或微酸性的土壤中生长，宜选择pH为5.8～7的土壤进行种植。

2. 品种选择

选用抗病品种

  章姬品种对叶斑病、黄萎病、芽枯病、灰霉病等抗性较强，育苗中后期易感炭疽病，生产中易感白粉病。红颊品种耐白粉病能力较强，但育苗中后期易感炭疽病，生产中易感灰霉病。与红颊相比，越心品种对炭疽病、灰霉病和蚜虫抗性较强。

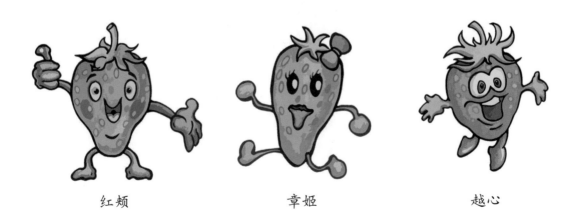

红颊   章姬   越心

提倡使用脱毒种苗

草莓脱毒种苗是利用生物技术将草莓植株内的病毒排除，培育出健康无病的草莓种苗，可恢复草莓优良种性，提高产量和品质。

精选壮苗、浸根防病

选择健壮草莓苗的标准可参考红颊品种，即叶柄短，具4～6片展开叶，叶大，叶肉厚，叶色浓绿，茎基部直径0.6～1.0厘米，白根多，根系发达。

移栽时，用10%苯醚甲环唑水分散粒剂1 000倍液加5%噻螨酮水乳剂1 500～2 000倍液等农药浸根1～2分钟。

3.栽培管理

土壤消毒

7~8月，施用棉隆结合灌水、覆膜，利用夏季太阳能高温消毒。施药前先松土，浇水保湿3~4天后，按30~40克/米^{2}撒施98%棉隆微粒剂，与土壤（深度为20厘米）混匀后再次浇水，并立即覆以不透气塑料膜（用新土封严实），密闭农膜15天以上，揭膜后通风15天以上再作畦、定植。

高畦宽沟

施基肥后，使用开沟机开沟。按畦高35厘米以上，沟宽30厘米以上，畦宽不少于90厘米（包括沟顶宽30～35厘米）做畦，畦面为弓背形。

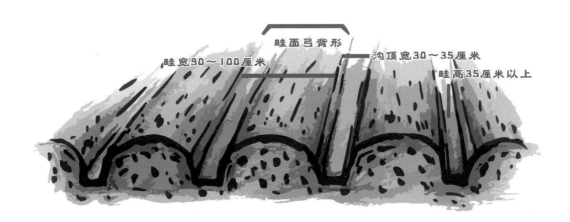

合理密植

采用双行三角形定植，弓背朝沟，压实根基部。高大型品种株距22～25厘米，紧凑型品种株距为15～18厘米。

高大型品种

株距22～25厘米

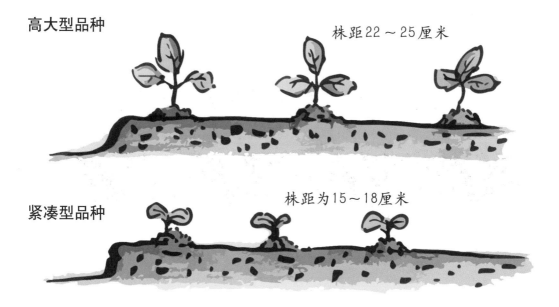

紧凑型品种

株距为15～18厘米

通风控湿

控制棚内空气相对湿度处于40％～80％，特别是阴天要通风。雨后及时排水、通风换气。

人工补光

草莓大棚内加装白炽灯，亩*地配40～60盏（100瓦），间隔4米，白炽灯距草莓植株1.5米。补光时期为12月上旬至翌年1月下旬，每天在落日后补光3～4小时；也可从凌晨2点开始到8点结束；或晚8点到10点、0点到2点间歇补光。

---

* 亩为非法定计量单位，1亩≈667米^2。

掰叶芽、疏花果

草莓栽培过程中，要及时掰除老叶、枯叶、病叶，疏除小花、劣果、病果。摘除的叶片、果实要移出园外，集中深埋，或密封在编织袋（肥料袋）中待发酵后废弃。

清 园

采收全部结束后及时清棚，将残株等移出园外，集中深埋，减少病虫来源，防止传播。

4.肥料使用

施足基肥

移栽前15天每亩施入商品有机肥500～1 000千克，饼肥100千克。

适时追肥

第一次追肥约在10月下旬，每亩用复合肥10千克对水均匀浇施，也可条施在畦中间，然后浅混土。第二次追肥一般在盖地膜前后进行，每亩用复合肥5千克，宜采用浇施或通过滴灌施入。以后视草莓生长状况和天气情况每隔20天左右追肥一次。追肥时通过滴管渗入土中，每亩灌肥水量为1 500～2 000千克，肥料浓度在0.4%以内。

5.绿色防控

（1）物理诱控

杀虫灯

9～10月，宜采用杀虫灯诱杀斜纹夜蛾等害虫，每30～50亩悬挂1盏，每晚7点开灯，早6点关灯（雨天不开），并应及时清理所诱杀的死亡害虫。

黄板／蓝板

草莓定植后，在植株上方30～50厘米处悬挂色板（黄板或蓝板），以诱杀蚜虫、蓟马等害虫。前期每亩悬挂3～5块色板，以监测虫口密度，后期视虫量增加至30～40块。放蜂后需在色板外加网罩，防止蜜蜂粘上。当蚜虫、蓟马粘满板面时，要及时更换。

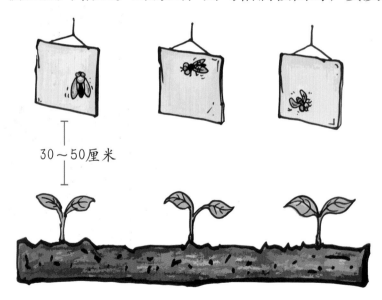

30～50厘米

信息素诱集器

9～10月，宜采用信息素诱集器诱集夜蛾类等害虫。放置时，用铁丝穿过诱集器边上的两孔绑在竹竿上，距地面1米左右，每亩放置1～2个。每隔30天更换一次诱芯。

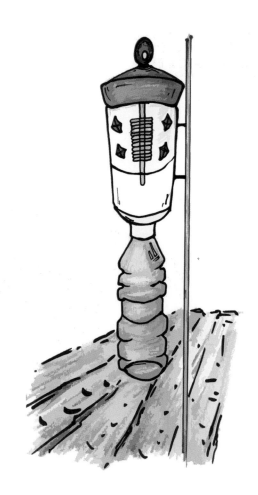

防虫网

在棚室通风口和门口安装红色防虫网，以40 ~ 60目*为宜，用于隔离粉虱、蓟马等害虫。

　＊　目为非法定计量单位，40目相当于孔径为380微米，60目相当于孔径为250微米。

银灰双色膜

覆盖地膜时（11月上旬左右），在棚架外侧地面上铺设银灰双色膜以驱避蚜虫等，宽度为30～50厘米，并用土压实；或在盖大棚膜时，在大棚通风口处悬挂宽为10～15厘米的条状银灰双色膜。

（2）生物防治

以虫治虫

蚜虫发生初期，释放异色瓢虫卵进行防治。释放时，按照 200～300 张/亩的量，将异色瓢虫卵卡（20 只卵/张）悬挂在植株茎叶上。以傍晚释放为宜。

以螨治螨

使用胡瓜钝绥螨防治叶螨，每亩使用15～20瓶捕食螨（2.5万只/瓶），边走边撒施在草莓叶片上，每株控制在一小汤匙的量即可（或者每片叶子有黄豆粒大小的量）。也可拌麦麸或木屑后撒施。

枯草芽孢杆菌防病

开花初期，使用1 000亿孢子/克枯草芽孢杆菌可湿性粉剂1 000～2 000倍液进行茎叶喷雾，以预防草莓白粉病和灰霉病，药剂连续使用3次，每次间隔7天左右。

（3）安全用药

选对药：根据病虫发生情况选用对口农药，掌握防治适期，交替用药。严禁使用国家明令禁止的农药。

合理用：严格按照"大棚草莓主要病虫防治用药清单"（表1）要求使用农药，重抓苗期、移栽前和第一批开花前期病虫害防治。

间隔到：严格控制农药安全间隔期、施药量和施药次数。

表1　大棚草莓主要病虫防治用药清单

防治对象	农药名称（中文通用名）	制剂用药量	每生长季节最多使用次数	安全间隔期（天）
土传病害	棉隆	98%微粒剂30～40克/米²	1	60
叶斑病	代森锰锌*	80%可湿性粉剂700倍液	3	7
	吡唑醚菌酯*	250克/升乳油1 500～1 800倍液	3	5
炭疽病	肟菌·戊唑醇*	75%水分散粒剂2 500～3 000倍液	3	5
	嘧菌酯*	250克/升悬浮剂1 200倍液	3	7
	苯醚甲环唑*	10%水分散粒剂1 000倍液	3	7
白粉病	醚菌酯	50%水分散粒剂3 000～5 000倍液	3	3
	四氟醚唑	12.5%水乳剂2 000倍液	2	5
	枯草芽孢杆菌	1 000亿孢子/克可湿性粉剂1 000～2 000倍液	3	/
	氟菌唑	30%可湿性粉剂1 500～3 000倍液	3	5
灰霉病	啶酰菌胺	50%水分散粒剂1 000～1 500倍液	3	3
	唑醚·啶酰菌	38%水分散粒剂667～1 000倍液	3	5
	嘧霉胺	400克/升悬浮剂750～1 000倍液	2	3
	克菌丹	80%水分散粒剂600～1 000倍液	3	3
	枯草芽孢杆菌	1 000亿孢子/克可湿性粉剂667～1 000倍液	3	/

（续）

防治对象	农药名称（中文通用名）	制剂用药量	每生长季节最多使用次数	安全间隔期（天）
蚜虫	氟啶虫酰胺*	10%水分散粒剂900～1 500倍液	3	3
	苦参碱	1.5%可溶液剂1 000倍液	1	10
叶螨	联苯肼酯	43%悬浮剂1 800～2 000倍液	2	5
	噻螨酮*	5%水乳剂1 500～2 000倍液	1	7
	藜芦碱	0.5%可溶液剂300倍液	1	10
蓟马	乙基多杀菌素*	60克/升悬浮剂2 000倍液	3	5
蜗牛	四聚乙醛*	6%颗粒剂500～650克/亩	2	7
斜纹夜蛾	氯虫苯甲酰胺*	5%悬浮剂1 000倍液	2	5
	斜纹夜蛾核型多角体病毒*	10亿PIB/毫升悬浮剂600～900倍液	3	7

注1：本清单每年都可能根据新的评估结果发布修改单。

注2：国家新禁用的农药自动从本清单中删除。

注3：*为2016—2017年试用农药。

注4：使用名称相同、含量或剂型不同的农药，须注意制剂用药量、安全间隔期和每季最多使用次数等应符合农药标签要求。

表2　大棚草莓病虫害预防用药

时间	生育期	蚜　虫	灰霉病和炭疽病	白粉病	蓟马	斜纹夜蛾	红蜘蛛
9月	移植前	苦参碱或氟啶虫酰胺	咯菌腈			氯虫苯甲酰胺	噻螨酮
10月	生育初期				乙基多杀菌素		联苯肼酯
10月底至11月初	出蕾期	苦参碱或氟啶虫酰胺	枯草芽孢杆菌或啶酰菌胺等	枯草芽孢杆菌或四氟醚唑等			
11月	顶果膨大期		枯草芽孢杆菌或推荐用药				联苯肼酯
12月	顶果成熟期第二批出蕾期	苦参碱或氟啶虫酰胺	枯草芽孢杆菌或推荐用药				
翌年1月			枯草芽孢杆菌或推荐用药				
2月			枯草芽孢杆菌或推荐用药				联苯肼酯
3月		苦参碱或氟啶虫酰胺	枯草芽孢杆菌或推荐用药				

6. 全园覆膜

铺地膜、盖大棚膜

当气温低于10℃时就要铺地膜、覆盖大棚膜，在浙江一般在11月上旬左右，但需注意地膜覆盖要在开花前完成。

铺地膜前需彻底清除杂草，并做好松土清沟、铺滴管工作。

应采用宽幅地膜（地膜宽度120～140厘米）双行覆盖的方式，在晴天下午操作。应注意地膜要拉平整，叶片和花序要引出膜面，切忌遗漏，并用土封牢破膜口。

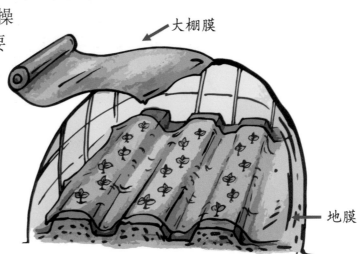

大棚膜

地膜

清洁生产

坐果后，畦沟铺地膜，畦两边垫上白网，或采用1.5米宽的黑地膜或双色地膜铺畦面和沟。

防冻覆盖

严寒冰冻天气来临前应加盖二道棚膜，并且尽量选用厚度为0.5毫米（5丝）以上的多功能聚乙烯无滴膜。

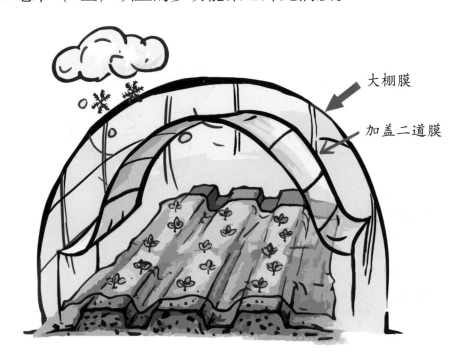

大棚膜

加盖二道膜

7. 采收技术

适时采收

　　用于鲜食和就近销售的草莓，一般在九成熟时采收。采收前应进行抽检，合格后方可采摘上市。

采收要求

尽可能在清晨或傍晚气温低时采收。

采收时用手掌心包住果实，向上翻折即可，轻摘轻放，仔细小心，不能乱摘乱拉。

采收时发现病、烂果应挑出，并带出园外集中处理。

容器要求

　　采收所用盛放容器要浅，底要平，内壁光滑，应清洁、卫生。

　　盛放容器置于地面（土上面）时，直接或间接导致果实沾土，易引起病菌、有害微生物污染，须特别注意。

　　盛放容器不应装入过多草莓，否则易导致底部草莓受压变软。

太满

采收作业

采收时，操作者应穿着干净的工作服及配戴采摘用手套。
工作服及手套等应随时洗涤，并置于清洁处保存。
有感冒、腹泻、呕吐等症状的人员不能参与草莓采收。

8.包装储运

分级包装

在草莓采后分级包装过程中，操作者应注意个人卫生，避免病原微生物的侵染。因此，在开始作业前，应用肥皂、洗手液或消毒剂洗手，并换上干净的工作服、工作鞋。

卫生包装

包装场所应保持清洁、干净，并与生活区域隔离。

包装材料应单独置于干净区域保管，并与清洁工具等其他用品分开放置。

分级包装结束后，应对工作台和作业空间进行整理和打扫，病、烂草莓等废弃物应放入垃圾桶，并每天清空。

包装材料

　　一般采用泡沫箱、塑料盒或纸箱等容器装草莓。以大包装在农贸市场批发销售的草莓，可采用竹篮、脸盆等进行包装，表面覆保鲜膜等，以减少微生物污染。所用包装材料应符合食品安全国家标准《食品接触用塑料树脂》（GB 4806.6—2016）、《食品接触用塑料材料及制品》（GB 4806.7—2016）和《食品接触用纸和纸板材料及制品》（GB 4806.8—2016）的要求，洁净、无污染。

运输工具

运输工具应整洁、干净，并有防日晒、雨淋的设施。宜使用冷藏车运输，使用其他类型运输工具时，需在清晨或傍晚气温较低时装卸和运输。运输中应轻装轻放，防止碰撞和挤压。储运环境、运输工具应通风、干净，不与有毒、有害、有异味物品混存混放。

五、产品检测

检测要求

采收前应进行质量安全检测，可委托有资质单位检测或自行检测。检测合格后方可上市销售。

检测报告至少保存两年。

合 格 证

　　草莓上市销售时，规模草莓生产者应出具合格证（追溯码、"三品一标"）。

六、生产记录

　　详细记录主要农事活动，尤其是农药和肥料的使用情况需特别注意（如名称、使用日期、使用量、使用方法、使用人员等），并保存两年以上。应记录上市销售日期、品种、物流量及销售对象、联系电话等。

七、产品追溯

　　鼓励应用二维码等现代信息技术和网络技术，建立草莓追溯信息体系，将草莓生产、运输流通、销售等各节点信息互联互通，实现草莓产品从生产到餐桌的全程质量管控。

链接地址：http://www.zjapt.gov.cn/

八、产品认证

无公害农产品

　　无公害农产品，是指产地环境、生产过程和产品质量符合国家有关标准和规范的要求，经认证合格获得认证证书并允许使用无公害农产品标志的未经加工或者初加工的食用农产品。

绿色食品

　　绿色食品，是指产自优良生态环境、按照绿色食品标准生产、实行全程质量控制并获得绿色食品标志使用权的安全、优质食用农产品及相关产品。

农产品地理标志

　　农产品地理标志，是指标示农产品来源于特定地域，产品品质和相关特征主要取决于自然生态环境和历史人文因素，并以地域名称冠名的特有农产品标志。

九、技术更新

　　参加各级政府部门或单位组织的大棚草莓优质高产栽培技术或安全生产技术培训，并就生产中遇到的难题和专家进行沟通与交流。也可自行邀请专家来集中培训或现场指导，提高草莓生产技术水平和质量安全意识。

知识更新

从科研院所或农业部门等单位获取"大棚草莓全产业链质量安全管控技术图"等新技术资料，并在基地组织实施，提高草莓生产标准化水平。

参观学习

　　参观草莓全产业链质量安全风险管控技术等示范基地，学习应用"以虫治虫""以螨治螨"、色板诱杀、生物农药枯草芽孢杆菌使用、清洁化生产等技术，提高基地质量安全水平。

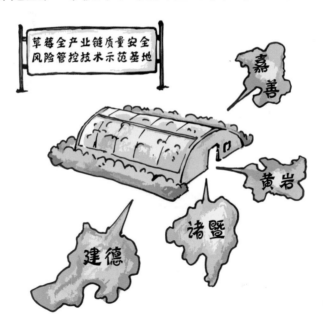

十、农资管理

一要看证照。要到经营证照齐全、经营信誉良好的合法农资商店购买。不要从流动商贩或无证经营的农资商店购买。

　　二要看标签。要认真查看产品包装和标签标识上的农药名称、有效成分及含量、农药登记证号、农药生产许可证号或农药生产批准文件号、产品标准号、企业名称及联系方式、生产日期、产品批号、有效期、用途、使用技术和使用方法、毒性等事项，查验产品质量合格证。不要盲目轻信广告宣传和商家的推荐。

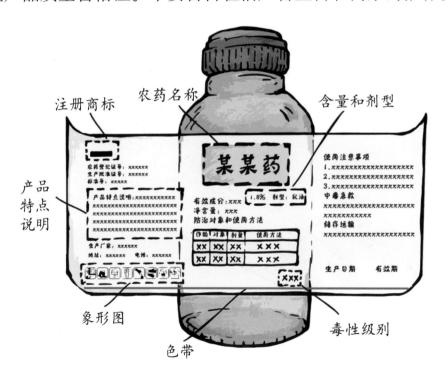

　　三要索取票据。要向经营者索要销售凭证，并连同产品包装物、标签等妥善保存好，以备出现质量等问题时作为索赔依据。不要接受未注明品种、名称、数量、价格及销售者的字据或收条。

农资存放

农药和肥料存放时分门别类。

存放农药的地方须上锁。使用后剩余农药应保存在原来的包装容器内。

收集空农药瓶、农药袋子、施药后剩余药液等进行集中处理。

农资使用

　　为保障操作者身体安全，特别是预防农药中毒，操作者作业时须穿戴保护装备如帽子、保护眼罩、口罩、手套、防护服等。

　　身体不舒服时，不宜喷洒农药。

　　喷洒农药后，如出现呼吸困难、呕吐、抽搐等症状时应及时就医，并准确告诉医生所喷洒农药的名称及种类。

附　　录

1. 农药基本知识

农药分类

杀 虫 剂

主要用来防治农、林、卫生、储粮及畜牧等方面的害虫。

杀 菌 剂

对植物体内的真菌、细菌或病毒等具有杀灭或抑制作用，用于预防或防治作物各种病害的药剂，称为杀菌剂。

除　草　剂

用于杀灭或控制杂草生长的农药，称为除草剂，亦称除莠剂。

植物生长调节剂

指人工合成或天然的具有天然植物激素活性的物质。

毒性标识

农药毒性分为剧毒、高毒、中等毒、低毒、微毒五个级别。

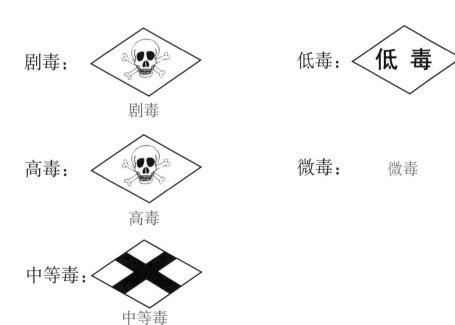

剧毒：

剧毒

高毒：

高毒

中等毒：

中等毒

低毒： 低 毒

微毒： 微毒

象形图

　　象形图应当根据产品实际使用的操作要求和顺序排列，包括储存象形图、操作象形图、忠告象形图、警告象形图。

储存象形图
　　放在儿童接触不到的地方，并加锁。

操作象形图：

配制液体农药时，……。 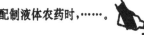　　配制固体农药时，……。 　　喷药时，……。

忠告象形图：

戴手套　　　　　　　　　戴防护罩　　　　　　　戴防毒面具

用药后需清洗　　　　　　戴口罩　　　　　　　　穿胶靴

警告象形图
危险/　　　　　　　危险/
对家畜有害　　　　对鱼有害，不要污染湖泊、河流、池塘和小溪

2. 草莓上禁止使用的农药品种

《中华人民共和国食品安全法》第四十九条规定："禁止将剧毒、高毒农药用于蔬菜、瓜果、茶叶和中草药材等国家规定的农作物"；第一百二十三条规定："违法使用剧毒、高毒农药的，除依照有关法律、法规规定给予处罚外，可以由公安机关依照规定给予拘留"。根据相关法规，草莓上禁用和限用的农药名录如下：

六六六，滴滴涕，毒杀芬，二溴氯丙烷，杀虫脒，二溴乙烷，除草醚，艾氏剂，狄氏剂，汞制剂，砷、铅类，敌枯双，氟乙酰胺，甘氟，毒鼠强，氟乙酸钠，毒鼠硅，甲胺磷，对硫磷，甲基对硫磷，久效磷，磷胺，氟虫腈，苯线磷，地虫硫磷，甲基硫环磷，磷化钙，磷化镁，磷化锌，硫线磷，蝇毒磷，治螟磷，特丁硫磷，氯磺隆，胺苯磺隆，甲磺隆，福美胂，福美甲胂，甲拌磷，甲基异柳磷，内吸磷，克百威，涕灭威，灭线磷，硫环磷，氯唑磷，氧化乐果，五氯酚钠，杀虫脒，三氯杀螨醇，溴甲烷，百草枯水剂，毒死蜱，三唑磷，乙酰甲胺磷，丁硫克百威和乐果等，以及国家规定禁止使用的其他农药。

3. 草莓上不推荐使用的农药品种

农药品种	理　由
烯酰吗啉、百菌清	存在安全隐患风险
甲基硫菌灵、多菌灵	防治效果不佳
氯吡脲	影响果实品质
吡虫啉、阿维菌素、氟啶虫胺腈、甲氨基阿维菌素苯甲酸盐、菊酯类农药	对蜜蜂毒性高

4. 我国草莓农药最大残留限量（GB 2763—2016）

序号	名　称	限量(毫克/千克)	类别/名称
1	2,4-滴和2,4-滴钠盐	0.1	浆果和其他小型水果
2	阿维菌素	0.02	草莓
3	百草枯	0.01	浆果和其他小型水果
4	保棉磷	1	水果（单列的除外）
5	倍硫磷	0.05	浆果和其他小型水果
6	苯丁锡	10	草莓
7	苯氟磺胺	10	草莓
8	苯线磷	0.02	浆果和其他小型水果
9	草甘膦	0.1	浆果和其他小型水果
10	代森锰锌	5	草莓
11	敌百虫	0.2	浆果和其他小型水果
12	敌敌畏	0.2	浆果和其他小型水果
13	敌螨普	0.5	草莓
14	地虫硫磷	0.01	浆果和其他小型水果
15	啶虫脒	2	浆果和其他小型水果
16	啶酰菌胺	3	草莓
17	对硫磷	0.01	浆果和其他小型水果
18	多菌灵	0.5	草莓
19	二嗪磷	0.1	草莓
20	粉唑醇	1	草莓

（续）

序号	名　称	限量（毫克/千克）	类别/名称
21	氟虫腈	0.02	浆果和其他小型水果
22	氟酰脲	0.5	草莓
23	腐霉利	10	草莓
24	环酰菌胺	10	草莓
25	甲胺磷	0.05	浆果和其他小型水果
26	甲拌磷	0.01	浆果和其他小型水果
27	甲苯氟磺胺	5	草莓
28	甲基对硫磷	0.02	浆果和其他小型水果
29	甲基硫环磷	0.03	浆果和其他小型水果
30	甲基异柳磷	0.01	浆果和其他小型水果
31	甲硫威	1	草莓
32	甲氰菊酯	5	浆果和其他小型水果
33	腈菌唑	1	草莓
34	久效磷	0.03	浆果和其他小型水果
35	抗蚜威	1	浆果和其他小型水果
36	克百威	0.02	浆果和其他小型水果
37	克菌丹	15	草莓
38	喹氧灵	1	草莓
39	联苯肼酯	2	草莓
40	联苯菊酯	1	草莓
41	磷胺	0.05	浆果和其他小型水果
42	硫环磷	0.03	浆果和其他小型水果
43	硫线磷	0.02	浆果和其他小型水果
44	氯苯嘧啶醇	1	草莓

（续）

序号	名　　称	限量（毫克/千克）	类别/名称
45	氯虫苯甲酰胺	1	浆果和其他小型水果
46	氯氟氰菊酯和高效氯氟氰菊酯	0.2	浆果和其他小型水果
47	氯化苦	0.05	草莓
48	氯菊酯	1	草莓
49	氯氰菊酯和高效氯氰菊酯	0.07	草莓
50	氯唑磷	0.01	浆果和其他小型水果
51	马拉硫磷	1	草莓
52	醚菌酯	2	草莓
53	嘧菌环胺	2	草莓
54	嘧霉胺	3	草莓
55	灭多威	0.2	浆果和其他小型水果
56	灭菌丹	5	草莓
57	灭线磷	0.02	浆果和其他小型水果
58	内吸磷	0.02	浆果和其他小型水果
59	嗪氨灵	1	草莓
60	氰戊菊酯和S-氰戊菊酯	0.2	浆果和其他小型水果
61	噻虫啉	1	浆果和其他小型水果
62	噻螨酮	0.5	草莓
63	三唑醇	0.7	草莓
64	三唑酮	0.7	草莓
65	杀虫脒	0.01	浆果和其他小型水果
66	杀螟硫磷	0.5	浆果和其他小型水果
67	杀扑磷	0.05	浆果和其他小型水果
68	水胺硫磷	0.05	浆果和其他小型水果

（续）

序号	名　　称	限量（毫克/千克）	类别/名称
69	四螨嗪	2	草莓
70	特丁硫磷	0.01	浆果和其他小型水果
71	涕灭威	0.02	浆果和其他小型水果
72	戊菌唑	0.1	草莓
73	烯酰吗啉	0.05	草莓
74	辛硫磷	0.05	浆果和其他小型水果
75	溴甲烷	30	草莓
76	溴螨酯	2	草莓
77	溴氰菊酯	0.2	草莓
78	氧乐果	0.02	浆果和其他小型水果
79	乙酰甲胺磷	0.5	浆果和其他小型水果
80	抑霉唑	2	草莓
81	蝇毒磷	0.05	浆果和其他小型水果
82	治螟磷	0.01	浆果和其他小型水果
83	艾氏剂	0.05	浆果和其他小型水果
84	滴滴涕	0.05	浆果和其他小型水果
85	狄氏剂	0.02	浆果和其他小型水果
86	毒杀芬	0.05	浆果和其他小型水果
87	六六六	0.05	浆果和其他小型水果
88	氯丹	0.02	浆果和其他小型水果
89	灭蚁灵	0.01	浆果和其他小型水果
90	七氯	0.01	浆果和其他小型水果
91	异狄氏剂	0.05	浆果和其他小型水果

主要参考文献

蒋桂华，吴声敢，2014. 草莓全程标准化操作手册 [M]. 杭州：浙江科学技术出版社.

李伟龙，胡美华，2013. 图说草莓栽培与病虫害防治 [M]. 杭州：浙江科学技术出版社.

吴声敢，赵学平，杨桂玲，等，2015. 浙江省农业团体标准《大棚草莓安全用药指南》解读 [J]. 浙江农业科学，56(11): 1718-1720, 1723.

虞轶俊，施德，2008. 农药应用大全 [M]. 北京：中国农业出版社.

张志恒，王强，2008. 草莓安全生产技术手册 [M]. 北京：中国农业出版社.

中国农药信息网 [EB/OL]. http://www.chinapesticide.gov.cn/.

中华人民共和国国家卫生和计划生育委员会，中华人民共和国农业部，国家食品药品监督管理总局，2016. GB 2763—2016 食品安全国家标准　食品中农药最大残留限量 [S]. 北京：中国标准出版社.

中华人民共和国国家质量监督检验检疫总局，中国国家标准化管理委员会，2011. GB/Z 26575—2011 草莓生产技术规范 [S]. 北京：中国标准出版社.

中华人民共和国农业部，2002. NY 5105—2002 无公害食品　草莓生产技术规程 [S]. 北京：中国农业出版社.

中华人民共和国农业部，2007. NY/T 1276—2007 农药安全使用规范　总则 [S]. 北京：中国农业出版社.

中华人民共和国农业部, 2007. 农药标签和说明书管理办法 [EB/OL]. http://www.gov.cn/flfg/2007-12/21/content_839360.htm

中华人民共和国农业部, 2010. NY/T 496—2010 肥料合理使用准则 通则 [S]. 北京: 中国农业出版社.

中华人民共和国农业部, 2016. NY/T 5010—2016 无公害农产品 种植业产地环境条件 [S]. 北京: 中国农业出版社.

中华人民共和国农业部, 2016. 中国农业年鉴: 2015[M]. 北京: 中国农业出版社.

周厚成, 2008. 草莓标准化生产技术 [M]. 北京: 金盾出版社.